Johann Schütte
'Fliegende Zigarren'
Ein historischer Bildband der
Luftschiffe Schütte-Lanz von 1909-1925

SEVERUS Verlag

ISBN: 978-3-96345-096-9
Druck: SEVERUS Verlag, 2018
Cover: www.pixabay.com
Satz und Lektorat: Julia C. Möller

Der SEVERUS Verlag ist ein Imprint der Diplomica Verlag GmbH.
Bibliografische Information der Deutschen Nationalbibliothek:
Die Deutsche Nationalbibliothek verzeichnet diese Publikation in der Deutschen Nationalbibliografie; detaillierte bibliografische Daten sind im Internet über http://dnb.d-nb.de abrufbar.

Johann Schütte

‘Fliegende Zigarren‘

Ein historischer Bildband der Luftschiffe Schütte-Lanz von 1909-1925

Vorwort

Leichter, stromlinienförmiger und wendiger: Die Schütte-Lanz-Luftschiffe standen für Innovation. Sie stellten die größte, deutsche Konkurrenz zu den Zeppelin-Luftschiffen dar und forcierten durch zahlreiche Wechselwirkungen zwischen den beiden Unternehmen den technischen Fortschritt auf dem Gebiet des Luftschiffbaus.

Die Firma *Luftschiffbau Schütte-Lanz OHG* wurde am 22. April 1909 in Rheinau gegründet von dem Ingenieur Johann Schütte, dem Industriellen Karl Lanz und unter Beteiligung des Industriellen August Röchling. Das Unternehmen produzierte bis 1918 insgesamt 22 Luftschiffe für Heer und Marine.

Die hier gesammelten, historischen Fotografien zeigen die Schütte-Lanz-Luftschiffe – ihr Äußeres, Inneres und ihre Einzelteile – aus den verschiedensten Perspektiven und dokumentieren sie an unterschiedlichen Produktionsschritten. Die Aufnahmen ermöglichen somit einen umfassenden Einblick in Bau und Design der, liebevoll genannten, „fliegenden Zigarren", den einst nur Mitarbeiter erhalten konnten.

Anstoß zur Planung des ersten Schütte-Lanz-Luftschiffes und damit zur Firmengründung gab der verheerende Unfall des Zeppelins LZ 4, welcher im August 1908 nach einer Notlandung von einer Sturmböe gegen einen Baum geschleudert worden war. So wendete Johann Schütte sich als Reaktion darauf neun Tage später mit Verbesserungsvorschlägen an das Reichsamt des Inneren und schrieb einen Brief an den Zeppelin-Konstrukteur Theodor Kober, welcher jedoch unbeantwortet blieb. Also entschloss Schütte selber aktiv zu werden:

> „Nachdem ich aufgrund der Lektüre über die gegenwärtig vorhandenen lenkbaren Luftschiffe gesehen habe, daß an allen Ecken und Kanten die elementarsten Fehler gemacht sind, beabsichtige ich, selber ein Luftschiff zu bauen."[1]

Johann Schütte war Schiffbauingenieur und Professor an der Technischen Hochschule Danzig. Während seines Studiums und seiner Zeit beim Norddeutschen Lloyd hatte er Erfahrungen und Erkenntnisse zur Strömungslehre und dem Verhältnis von Geschwindigkeit und Widerstand gesammelt, welche er innovativ von dem Schiffbau auf den Luftschiffbau übertrug.

Überzeugt von Schüttes Fähigkeiten und Plänen trat Lanz in Verhandlungen mit diesem. Karl Lanz war – ebenso wie sein Vater Heinrich Lanz – einer der einflussreichsten Industriellen seiner Zeit und mit der Firma *Lanz & Co.* der bedeutendste Hersteller landwirtschaftlicher Maschinen in Kontinentaleuropa. Als Förderer des technischen Fortschritts galt seine Leidenschaft insbesondere der Luftfahrt; er war Mitglied im *Berliner Verein für Luftschifffahrt* und Präsident des *Deutschen Luftflottenvereins* in Mannheim.

Nach Abschluss der Verhandlungen wurde alsbald eine gewaltige Montagehalle gebaut auf einem 101 Hektar großen Gelände in Rheinau. Dort entstan-

---

1 Steiner-Welz, Sonja; Welz, Reinhard: *Schütte-Lanz Luftfahrzeuge aus Mannheim,* Vermittler Verlag e.K., 2006, S. 60.

den das erste Schütte-Lanz-Luftschiff, das SL 1, das Schütte zusammen mit seinen Studenten im Wintersemester 1908/09 entworfen hatte, sowie die weiteren einundzwanzig.

Bei den Schütte-Lanz-Luftschiffen handelte es sich ausschließlich um Starrluftschiffe. Diese unterscheiden sich von den Pralluftschiffen, der häufigsten Bauform, dadurch, dass sie ein komplettes Gerippe aus Trägern und Streben besitzen. Dieses steife Skelett sichert einerseits die Formstabilität des Schiffes, andererseits ermöglicht es im Inneren die Konstruktion gänzlich voneinander unabhängiger Gaszellen. Somit kann eine höhere Sicherheit gewährt werden, da im Falle einer Beschädigung der Außenhaut weniger schnell Gas austritt und im Gegensatz zu Pralluftschiffen sich nicht der gesamte Auftriebskörper, sondern nur die beschädigte Zelle entleert.

Die Besonderheit der Schütte-Lanz-Starrluftschiffe stellte das Material dar: In Anlehnung an den Schiffbau bestanden die ersten Skelette aus verleimten Sperrholz, welches gut instand zu halten, elastisch und vor allem leicht war. Da zusammengeklebte Elemente jedoch empfindlich gegenüber Feuchtigkeit waren und die Schütte-Lanz-Luftschiffe immer größer konstruiert wurden, sodass Holz nicht mehr genügend Stabilität gewährleistete, wurden daraufhin Luftschiffe, ähnlich den Zeppelinen, mit Aluminium- bzw. Duralumin-Gerippe geplant. Weitere Spezifika der Schütte-Lanz-Luftschiffe waren zudem die erleichterte Steuerbarkeit und eine optimierte Aerodynamik.

Obwohl für die Nachkriegszeit ein Forschungs- und vier Verkehrsluftschiffe geplant waren, produzierte die Firma *Luftschiffbau Schütte-Lanz OHG* ausschließlich Militärluftschiffe für die Verwendung im Ersten Weltkrieg. Dies führte nach Kriegsende zu Patentstreitigkeiten mit der *Zeppelin GmbH,* da das Deutsche Reich von dem Recht Gebrauch gemacht hatte, Erfindungen, die militärischen Zwecken dienten, anderen Firmen zur Verfügung zu stellen, solange der Patentinhaber später entschädigt wurde. Deshalb profitierten Zeppelin-Luftschiffe, die zwischen 1914 und 1918 produziert wurden, von Schüttes Verbesserungen wie beispielsweise der Stromlinienform des Schiffkörpers und durch neuartige Motorenanordnung und Zentralverspannung.

Der Versailler Vertrag, der den Krieg beendete, bedeutete zugleich das Aus für die *Luftschiffbau Schütte-Lanz OHG*. Gemäß den Vertragsbestimmungen wurde die Luftschiffproduktion 1922 stillgelegt und die Firma 1925 aufgelöst.

Neben den Luftschiffen hatte das Unternehmen auch circa 500 Flugzeuge in ihrem Werk in Zeesen in Brandenburg gebaut und der Zweigbetrieb *Schütte-Lanz-Werke AG* in Königs Wusterhausen-Zeesen hatte Karosserien für Automobile hergestellt. Des Weiteren wurden noch bis 1924 komplette Personenwagen unter dem Namen Schütte-Lanz produziert.

Die technologischen Erfahrungen, die im Luftschiffbau gesammelt worden sind, werden weiterhin in anderen Bereichen, primär im Sperrholzbau, genutzt. So existiert die Firma weiter als *Finnforest Schütte-Lanz GmbH,* welche bis 2007 noch überwiegend Verschalungsplatten produziert hat.

Nach der Einstellung des ursprünglichen Unternehmens und der Demontierung der Produktionsanlagen begannen Ende 2014 die Arbeiten für die Erschließungen des Geländes als *Wohn- und Gewerbepark Schütte-Lanz.* Die letzten verbliebenen Luftschiffhallen von 1911 stehen mittlerweile unter Denkmalschutz.

Auch wenn die Schütte-Lanz-Luftschiffe – trotz zahlreicher Vorzüge – nie so erfolgreich waren wie die ihres Konkurrenten Graf von Zeppelin, so leistete die *Luftschiffbau Schütte-Lanz OHG* doch einen einflussreichen Beitrag zur deutschen Ingenieurskunst und besaß nicht nur in der nationalen, sondern auch der internationalen Luftfahrtgeschichte hohe Relevanz.

Der SEVERUS Verlag hat aufgrund des großen Interesses an dem Thema beschlossen, mit den historischen Abbildungen einen unmittelbaren Einblick in die Produktion der schwebenden Giganten zu bieten. Die Bilder sind dem Buch „Der Luftschiffbau Schütte-Lanz 1909–1925" von 1926 entnommen.

Julia C. Möller
SEVERUS Verlag

Professor Dr.-Ing. E. h. Joh. Schütte (* 26.2.1873, † 29.3.1940)

Dr. Karl Lanz (* 18.5.1873, † 18.8.1921)

August Röchling (* 11.8.1856, † 1937)

Original-Schütte-Lanz-Typ SL2, Baujahr 1913

Aufhängung der Zellen (SL 2)

Vordere Spitze

Gerippe bei der Rüstung

Hinterschiff

Hintere Spitze und Ruderlage

Laufgang

Laufgang mit Wasserballast

Abwurfbenzin

Fallbenzin

Seitengondel

Vordere Motorgondel

2-Motoren-Gondel

Gondelpaar

Innenansicht der Führergondel

Gaszelle

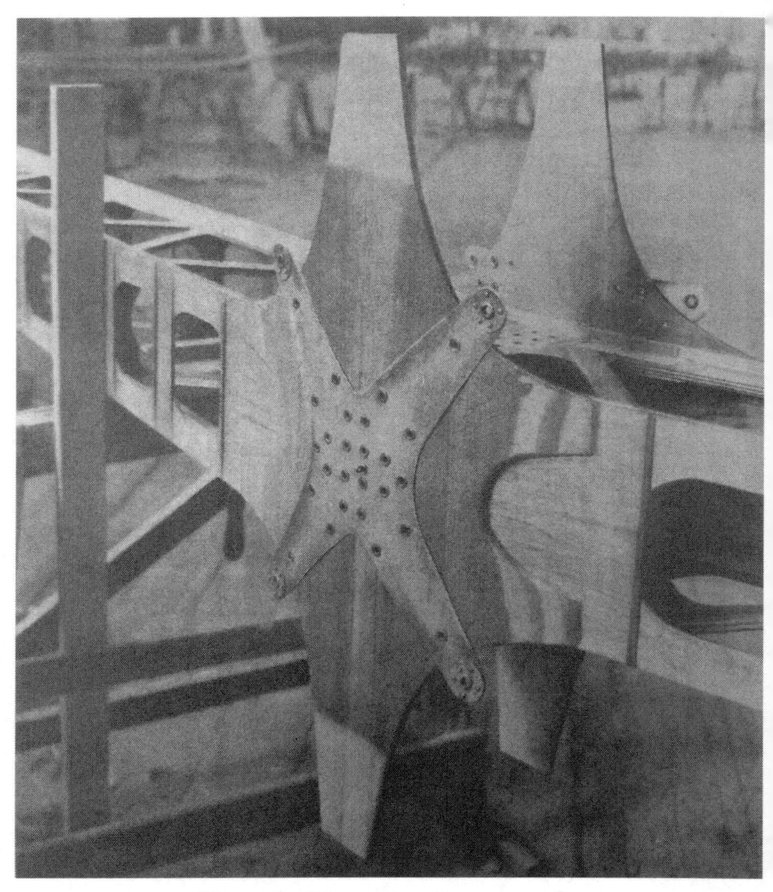

Normaler Hauptring-Knotenpunkt

Unterer Laufgang-Knotenpunkt

Bug bei plötzlicher Unterdruck-Bildung

Trägerteile: a) Strebenkreuz aus Flachstreben, b) Strebenkreuz aus Rohren, c) Einfache Flachstrebe, d) Einfache Rohrstrebe, e) Bindeblech, f) Doppel-U-Strebe aus Blech, g) Querrahmen, h) Sprosse eines Laufträgers

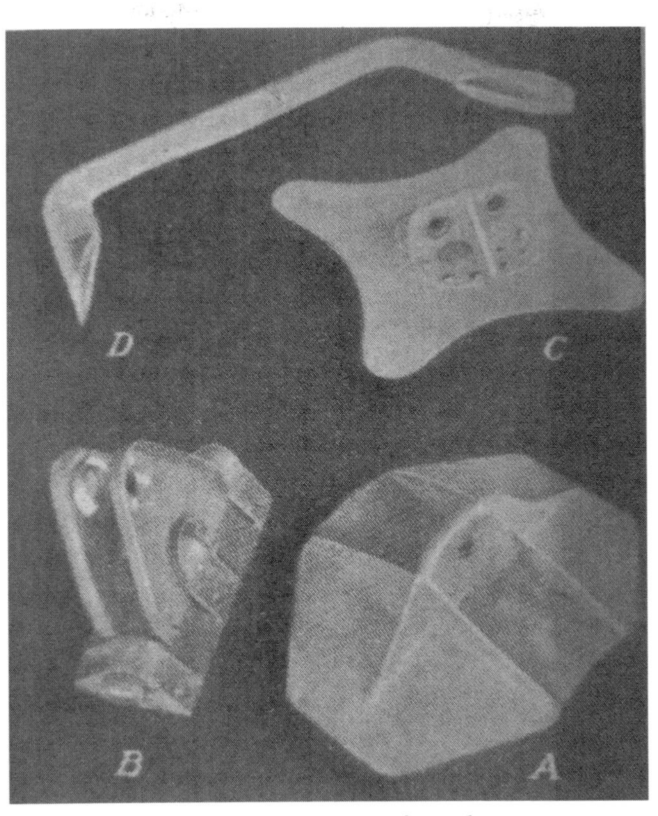

Schweiß- und Schmiedestücke:
A, B aus Stahl
C aus Dural
D aus Aluminium

Maschinen-Telegraph, Bauart »f«

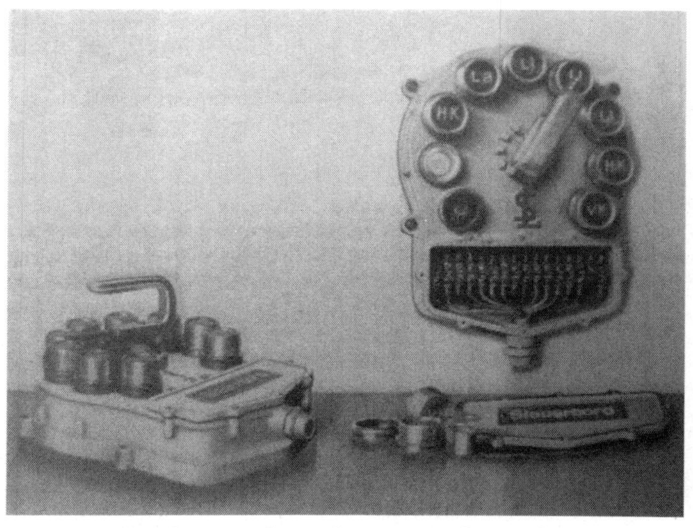

Maschinen-Telegraph, Bauart »f« geöffnet

Maschinen-Telegraph, Bauart »e«

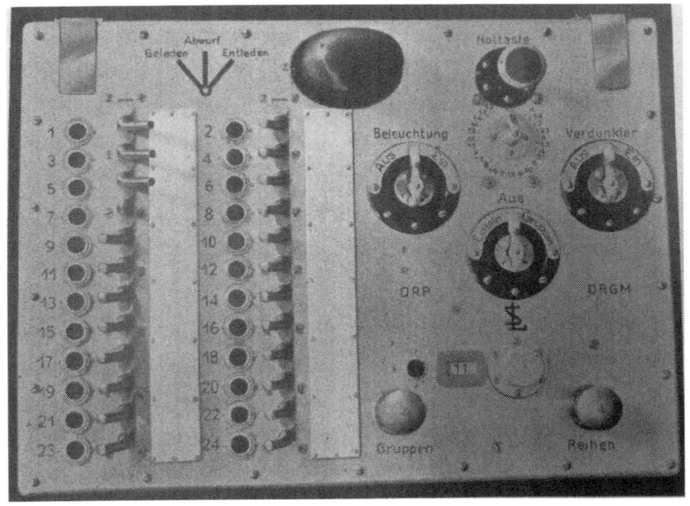

Bombenabwurf-Betätigungsvorrichtung

Flugzeug-Gerippe aus Sperrholz

Kampfgroßflugzeug Schütte-Lanz

Zweiteiliges Fahrgestell mit zwei Räderpaaren auf je einer kurzen Achse

Weit nach vorn herausgebauter Stand für MG-Schützen

Demonstration zur Stabilität der Flügelholme

Luftschiff-Werft und Flugzeugbau Schütte-Lanz, Werk Zeesen

VERSAILLES

SL 20, 56.000 cbm, erste Fahrt: 10.09.1917

SL 22, 56.000 cbm, erste Fahrt: 05.06.1918

SL 1, 20.500 cbm, erste Fahrt: 17.10.1911

SL 2, 25.000 cbm (nach Umbau 27.500 cmb),
erste Fahrt: 28.02.1914

SL 3, 32.500 cbm, erste Fahrt: 04.02.1915

SL 15, 38.800 cbm, erste Fahrt: 09.11.1916

SL 4, 35.200 cbm, erste Fahrt: 25.04.1915

Weitere Titel im Programm

Parseval, August von; Bedey, Björn
Graf Zeppelin und die deutsche Luftfahrt

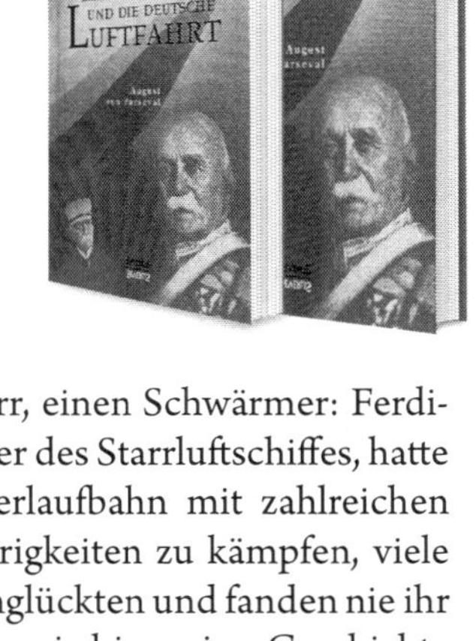

SEVERUS Verlag Hamburg 2015
160 Seiten, 15,5 x 23 cm

34,90 € (HC)
978-3-95801-146-5

29,90 € (PB)
978-3-95801-147-2

Man nannte ihn einen Narr, einen Schwärmer: Ferdinand von Zeppelin, Erfinder des Starrluftschiffes, hatte am Anfang seiner Erfinderlaufbahn mit zahlreichen Hindernissen und Schwierigkeiten zu kämpfen, viele der ersten Zeppeline verunglückten und fanden nie ihr Ziel. Reich bebildert lesen wir hier seine Geschichte und die seiner berühmten Erfindung. Der Zeppelin ermöglichte militärisch und privat unbegrenztes Reisen rund um den Globus und bildete den Grundstein für die moderne Luftfahrttechnik. Mit dem Beginn des Zweiten Weltkrieges fand die Zeppelin-Ära ein jähes Ende, doch die Faszination für das Himmelsgefährt reißt bis heute nicht ab.

Bedey, Björn (Hrsg.)
Ansichten des Hamburger Hafens aus dem 20. Jahrhundert
Mit Erläuterungen auf Deutsch und Englisch

SEVERUS Verlag Hamburg 2017
56 Seiten, 12 x 19 cm

26,90 € (HC)
978-3-95801-576-0

19,90 € (PB)
978-3-95801-577-7

Bilder sagen mehr als tausend Worte. Genau damit trifft die historische Fotosammlung vom Hamburger Hafen ins Schwarze.

Für die Hamburger nicht mehr wegzudenken, für die Wirtschaft einer der größten Güterumschlagsplätze, prägt der Hafen das Stadtbild der Hansestadt seit mehr als 100 Jahren. Schiffbau und Hafenarbeit treffen auf Kultur und Freizeitleben.

Mit zahlreichen Originalfotos aus dem 20. Jahrhundert werden verschiedenste Flecken des Hafens in Szene gesetzt und in deutscher und englischer Sprache beschrieben. Eine gelungene Zusammenstellung aus vergangenen Zeiten, die nicht nur tief verwurzelte Hamburger in seinen Bann zieht.

Leseprobe

Hamburg (Deutschlands größter Hafen)

Die Freie- und Hansestadt Hamburg verdankt ihre Bedeutung und Weltgeltung dem Überseeverkehr. Der Hamburger Hafen ist bis heute der größte Seehafen Deutschlands und gehört zu den zwanzig größten Containerhafen weltweit.

Doch sein Charakter hat sich in den letzten 100 Jahren bedeutend verändert. Am 12. Juni 1871 wurde von der Hamburger Bürgerschaft beschlossen, 15 direkt an Hamburg gelegene Orte zu Vororten zu machen. In der Innenstadt wurde ein neues Hafengebiet geschaffen, das bis heute das Hamburger Stadtbild prägt. Alte Gebäude und Viertel wurden abgerissen und machten einer Einteilung in reine Wohn- und Gewerbegebiete Platz. 1885-1888 wurde die Speicherstadt gebaut. 1888 wurde der Freihafen gegründet, der ebenfalls ein wichtiger Faktor in der Entwicklung der Stadt war. Produkte konnten in der Freihafenzone weiterverarbeitet und wieder verschifft werden, ohne die Zollgrenze zu passieren. Erst 2013 wurde der Freihafen aufgelöst.

Im 19. Jahrhundert profitierte Hamburgs Wirtschaft vom Überseehandel und von dem Strom der Auswanderer nach Amerika. Die Dampfschifffahrt und natürlich der -bau boomten, besonders der Hamburg-Amerika-Linie (HAPAG), aber auch die Hamburg-Südamerikanische Dampfschifffahrts-

Gesellschaft, die Woermann- und Ostafrika-Linie sowie einer großen Zahl anderer Reedereien.

Auch im 20. Jahrhundert wurde der Hamburger Hafen immer weiter ausgebaut. 1909 entstanden die St. Pauli-Landungsbrücken, 1911 der (alte) Elbtunnel. Auch die Fleete wurden in dieser Zeit hergerichtet, wie wir sie noch kennen. Das Chilehaus wurde 1924 im typischen Klinkerstil des Baudirektors Fritz Schumachers gebaut, der bis heute das Stadtbild in der Innenstadt kennzeichnet.

Die Arbeit im Hafen ruht nie. Tag und Nacht ist dieser gewaltige Mechanismus in Betrieb. Und auch heute ist eine Rundfahrt durch den Hafen spannend und bieten einen umfassenden Einblick in das Riesengetriebe des größten deutschen Hafens.

Blick auf den Hafen
View of the harbor

Die Michaeliskirche aus der Vogelperspektive
Bird's-eye-view of St. Michael's

Aussicht vom Turm der Michaeliskirche
View from St. Michael's tower

Landesbildstelle Hansa Hamburg
Hamburger Gängeviertel
Historische Ansichten

SEVERUS Verlag Hamburg 2014
56 Seiten, 14,8 x 21 cm

26,90 € (HC)
978-3-86347-920-6

18,90 € (PB)
978-3-86347-920-6

Im Herzen der Stadt erhoben sich einst in voller Größe Hamburgs einzigartige Gängeviertel. Heute sind nur noch einzelne denkmalgeschützte Bauten erhalten. Sie sind das Erbe einer Zeit, in der die Stadtplanung allein praktisch orientiert war; Hygiene und soziale Aspekte wurden der optimalen Flächennutzung unterstellt. So entstand für die Hamburger Arbeiterklasse eine eigene kleine Welt, die sich vom Hamburger Hafen bis in die Innenstadt erstreckte.

Dieser Bildband mit 48 faszinierenden Fotografien der 1930er Jahre dokumentiert die Gängeviertel der Neustadt lebhaft in ihrem ganzen ehemaligen Ausmaß.

Leseprobe

Vorwort

Das Hamburger Gängeviertel: Heute Ausgangspunkt der modernen Künstler- und Kreativenbewegung der Hansestadt, stecken die eng bebauten Wohnquartiere in Hamburgs Alt- und Neustadt noch voller Geschichte.

Im Schutz der alten Wälle der Hansestadt befanden sich einst aus-gedehnte Kohlhöfe, Gärten und Landhäuser wohlhabender Bürger. Als sich der Mauergürtel zurzeit des Dreißigjährigen Krieges weitete, erwuchsen im Schutz des sicheren Walles die Gängeviertel. Anders als die meisten deutschen Städte erlebte Hamburg zu dieser Zeit weder Verheerungen noch wirtschaftliche Niedergänge größeren Ausmaßes, und so konnte sich dieser, noch bis ins 19. Jahrhundert, mittelalterlich kleinteilig strukturierte Teil der Neustadt weiter ausdehnen. In den eng bebauten Wohnquartieren lebten zumeist ärmere Bevölkerungsschich-ten und insbesondere die immer weiter wachsende Arbeiterschaft.

Schlechte hygienische Zustände gipfelten in der Choleraepidemie von 1892. Zudem machten sich bald mangelnde Investitionen in die Bausubstanz bemerkbar, die sich in dem schnellen Verfall der Fach-werkhäuser äußerten. Bereits zum Ende des 19. Jahrhunderts begann man damit, einzelne Gebäude abzureißen. Die gezielte Sanierung durch Abriss wurde seit 1934 geplant und zum Objekt der national-sozialistischen Propaganda.

Die hier gesammelten Aufnahmen wurden im selben Jahr vom Staatlichen Lichtbildamt angefertigt und dem Zweck verpflichtet, der Geburtsstätte des „Deutschen Arbeiters“ zu gedenken. Die zahlrei-chen ehemaligen Bewohner sollten damit über den Verlust ihrer alten Heimat hinweggetröstet werden. Die ohnehin fällige Sanierung des Wohngebiets wurde als Befreiung aus der Enge und als Gegenleis-tung für die „Leistungen des deutschen Arbeiters“ dargestellt.

Nachdem das letzte größere Gängeviertel zugunsten des Baus der U-Bahnlinie und der Errichtung mehrerer großer Verwaltungsgebäude Ende der 1960er Jahre zerstört wurde, sind heute nur noch wenige ver-einzelte Bauten erhalten. Seit September 2013 wird das Gängeviertel aufwändig saniert als Reaktion auf das Verlangen vieler Hamburger Bürger und vor allem der Hamburger Initiative „Komm in die Gänge“ (gegr. 2009).

Tim Feind
SEVERUS Verlag

Willi Beutler. Hof Schulgang Nr. 8

Willi Beutler. „Kornträgergang“.

Carl Schreiber. „Kornträgergang“ Gang im Schatten.

Willi Beutler. Blick auf das Schulgangviertel.